上海市工程建设规范

油浸式电力变压器火灾报警
与灭火系统技术标准

Technical standards of fire alarm and extinguishing
system for oil-immersed power transformers

DG/TJ 08－2022－2020
J 11039－2020

主编单位：上海电力设计院有限公司
批准部门：上海市住房和城乡建设管理委员会
施行日期：2020 年 10 月 1 日

U0349721

同济大学出版社

2020 上海

图书在版编目(CIP)数据

油浸式电力变压器火灾报警与灭火系统技术标准/
上海电力设计院有限公司主编. --上海:同济大学出版
社,2020.9
　　ISBN 978-7-5608-9451-5

Ⅰ.①油… Ⅱ.①上… Ⅲ.①油浸变压器-火灾自动
报警-技术标准②油浸变压器-防火系统-技术标准
Ⅳ.①TU998.1-65

中国版本图书馆 CIP 数据核字(2020)第 161464 号

油浸式电力变压器火灾报警与灭火系统技术标准

上海电力设计院有限公司　主编

策划编辑　张平官

责任编辑　朱　勇

责任校对　徐春莲

封面设计　陈益平

出版发行　同济大学出版社　　www.tongjipress.com.cn

　　　　　(地址:上海市四平路 1239 号　邮编:200092　电话:021-65985622)

经　　销　全国各地新华书店

印　　刷　浦江求真印务有限公司

开　　本　889mm×1194mm　1/32

印　　张　2.25

字　　数　60 000

版　　次　2020 年 9 月第 1 版　　2020 年 9 月第 1 次印刷

书　　号　ISBN 978-7-5608-9451-5

定　　价　20.00 元

上海市住房和城乡建设管理委员会文件

沪建标定〔2019〕207 号

上海市住房和城乡建设管理委员会
关于批准《油浸式电力变压器火灾报警与灭火
系统技术标准》为上海市工程建设规范的通知

各有关单位：

由上海电力设计院有限公司主编的《油浸式电力变压器火灾报警与灭火系统技术标准》，经我委审核，现批准为上海市工程建设规范，统一编号为 DG/TJ 08－2022－2020，自 2020 年 10 月 1 日起实施。原《油浸式电力变压器火灾报警与灭火系统技术标准》(DG/TJ 08－2022－2007)同时废止。

本规范由上海市住房和城乡建设管理委员会负责管理，上海电力设计院有限公司负责解释。

特此通知。

上海市住房和城乡建设管理委员会
二〇二〇年四月二十六日

前　言

　　本标准是根据上海市住房和城乡建设管理委员会《2017 年上海市工程建设规范编制计划》(沪建标定〔2016〕1076 号)要求,由上海电力设计院有限公司会同有关单位,在《油浸式电力变压器火灾报警与灭火系统技术规程》DG/TJ 08—2022—2007 的基础上修订而成。

　　本标准的修订,结合了国家和行业标准《建筑设计防火规范》《消防给水及消火栓系统技术规范》《火灾自动报警系统设计规范》《细水雾灭火系统技术规范》《水喷雾灭火系统技术规范》和《电力设备典型消防规程》等的新增和修订内容,在开展大量调查研究的基础上,总结了 2007 版规程使用以来设计、施工、运行以及消防建审和验收所反映的意见,同时广泛征求国内专家和使用单位的意见,最后经有关部门共同审查定稿。

　　本标准主要内容包括:总则、术语、系统选用、变压器灭火系统、火灾报警与系统启动、施工、验收及附录 A～附录 F。

　　本次主要修订内容包括:

　　1. 协调各国标、行标的新增和修订内容。

　　2. 新增联建变电站的固定灭火及报警要求。

　　3. 补充水喷雾灭火系统和排油注氮灭火系统的设计、施工和运行要求。

　　各有关单位及相关人员在执行本标准过程中,如有意见或建议,请反馈至上海电力设计院有限公司(地址:上海市重庆南路 310 号;邮编:200025;E-mail:zhuyp@sepd.com.cn),或上海市建筑建材业市场管理总站(上海市小木桥路 683 号;邮编:200032;E-mail:bzglk@zjw.sh.gov.cn),以供今后修订时参考。

主 编 单 位：上海电力设计院有限公司

参 编 单 位：上海市消防救援总队

国网上海市电力公司

应急管理部上海消防研究所

华建集团给水排水和消防管理中心

国网上海检修公司

上海电力高压实业有限公司

上海同泰火安科技有限公司

深圳华电电力消防有限公司

主 要 起 草 人：朱亚平　杨　波　高　轶　苏　磊　赵华亮

殷一平　钟　健　胡煜亮　刘高文　丛北华

何　仲　朱　涛　徐　林　陈　可　张海霞

主 要 审 查 人：郑培刚　刘　菲　陆振华　栾雯俊　杨世皓

陈国峰　唐珏菁　张雪梅　吴海生

上海市建筑建材业市场管理总站

2020 年 2 月

目　次

Contents

1 总　则

1.0.1　为防止和减少油浸式电力变压器(以下简称变压器)火灾及其引发的爆炸事故,保护人员安全和减少财产损失,制定本标准。

1.0.2　本标准适用于电力系统内电压等级为110kV及以上的新建、扩建、改建工程中的矿物油浸式变压器。

1.0.3　变压器火灾自动报警与固定式灭火系统的设计、施工和验收,除应执行本标准的规定外,尚应符合国家、行业和本市现行有关标准的规定。

2 术 语

2.0.1 油浸式电力变压器 oil-immersed power transformer
用矿物油作为绝缘和热传导介质的电力变压器。

2.0.2 固定式自动灭火系统 fixed auto fire-extinguishing system
固定安装在防护对象所在的区域或房间内,通过管网或管道,向防护对象注入或喷射灭火剂的自动灭火系统。

2.0.3 细水雾灭火系统 water mist fire extinguishing system
由供水装置、过滤装置、控制阀、细水雾喷头等组件和供水管道组成,能自动和人工启动并喷放细水雾进行灭火或控火的固定灭火系统。

2.0.4 雾滴体积百分比特征直径 D_{vf} drop diameter
喷雾液体总体积中,在该直径以下雾滴累积体积与总体积的比值为 $100f\%$。

2.0.5 排油注氮防爆型灭火系统 explosion prevention of fire extinguishing system by oil evacuation and nitrogen injection
由控制柜、消防柜、断流阀、排油管道、注氮管道及火灾探测器等装置组成的,用于油浸式电力变压器和其他油浸电力设备的兼有防爆、防火功能的固定式灭火系统。

2.0.6 易熔合金感温火灾探测器 fusible alloy fire-detector with temperature sensitivity
由温度敏感元件、易熔合金等元器件组成的,在变压器火灾时,发出开关量火灾信号的火灾探测器。

2.0.7 联建变电站 joint constructed transformer substation
与其他非居建筑贴临或组合建造的变电站。

3 系统选用

3.1 一般规定

3.1.1 符合下列条件之一的变压器应设置固定式自动灭火系统和火灾自动报警系统：

    1 火力发电厂单台容量为 90MV·A 及以上的变压器。

    2 变电站单台容量为 125MV·A 及以上的变压器。

    3 变电站地下布置的变压器。

    4 电压等级 110kV 及以上联建变电站的变压器。

    注：200Mvar 及以上油浸式电抗器可参照执行。

3.1.2 变电站内的变压器，当采用有防火墙隔离的分体式散热器时，布置在户外或半户外的分体式散热器周围可不设置火灾自动报警系统和固定式灭火系统。

3.1.3 500kV 电压等级地下变电站的变压器火灾自动报警系统和固定式灭火系统的设计需经过论证评审后确定。

3.1.4 变压器固定消防设施及报警系统的产品选用及维护应满足现行行业标准《电力设备典型消防规程》DL 5027 的相关规定。

3.2 固定式自动灭火系统

3.2.1 户外变压器应选用水喷雾灭火系统。当满足下列条件之一时，可选用排油注氮防爆型灭火系统：

    1 扩建和改建的变电站，原变电站的设计未要求变压器安装固定式灭火系统。

    2 变电站的条件不能满足变压器设置水喷雾灭火系统。

3.2.2 户内变压器宜选用细水雾灭火系统。

3.2.3 火力发电厂内的变压器应选用水喷雾灭火系统。

3.2.4 电压等级 110kV 及以上变电站地下布置的变压器宜选用细水雾灭火系统。

3.2.5 电压等级 110kV 及以上联建变电站的变压器宜选用细水雾灭火系统。

3.3 火灾自动报警系统

3.3.1 变电站的变压器火灾自动报警系统应采用集中报警系统。

3.3.2 火力发电厂的变压器火灾自动报警系统应采用控制中心报警系统。

4 变压器灭火系统

4.1 一般规定

4.1.1 变压器的固定式灭火系统的组件必须采用经消防产品质量监督检测机构检测合格,并符合国家现行有关标准的产品。

4.1.2 排油注氮防爆型灭火系统的氮气瓶和排油、注氮阀门及其控制装置,应设在靠近变压器的专用消防柜内。其他固定式灭火系统的灭火剂,动力气体、启动气体储存容器,灭火剂供应装置,应设在防火间距外且便于操作的专用设备间或专用消防柜内。

4.1.3 专用设备间的环境温度应适宜于灭火剂储存、加压及输送。专用设备间的耐火等级不应低于二级。设置在地下室时,耐火等级应为一级。室内应保持干燥和良好通风。专用设备间的门应为甲级防火门。

4.1.4 排油注氮防爆型灭火系统应在储油柜至变压器油箱的油路中设置具有启、闭信号反馈功能的断流阀。

4.1.5 除满足本标准第 3.1.2 条的情况外,当变压器采用水喷雾、细水雾等外部灭火系统保护时,变压器本体、绝缘子升高座孔口、油枕、散热器、集油坑均应设喷头保护。

4.1.6 变压器固定式灭火系统供电应按一级负荷供电。地下设置的变压器固定灭火系统还应设置第三路电源。

4.1.7 变电站消防泵房的设置应满足现行国家标准《建筑设计防火规范》GB 50016 和《消防给水及消火栓系统技术规范》GB 50974 相关条文的规定。

4.1.8 消防水泵控制柜设置在专用消防水泵控制室时,其防护等级不应低于 IP30；与消防水泵设置在同一空间时，其防护等级不应低于 IP55。

4.1.9 主变固定灭火系统所有管道、喷头及支架等金属部件的设计应满足被保护对象的灭火要求，其离开带电体(包括套管端子和导线)的安全净距必须满足现行行业标准《高压配电装置设计技术规程》DL/T 5352 中相关的要求，并不得带电检修。

4.2 水喷雾灭火系统

4.2.1 水喷雾灭火系统的设计应符合现行国家标准《水喷雾灭火系统技术规范》GB 50219 的规定。

4.2.2 水喷雾灭火系统的雨淋报警阀应按现行国家标准《自动喷水灭火系统 第 5 部分：雨淋报警阀》GB 5135.5 的规定进行组件的渗漏和变形试验。

4.2.3 在喷头最小工作压力下，水雾累积体积分布应满足 $D_{v0.5} \leqslant 300\mu m$，$D_{v0.99} \leqslant 900\mu m$。

4.2.4 系统最不利点水雾喷头的实际工作压力不应低于 0.35MPa。

4.2.5 火力发电厂变压器水喷雾灭火系统的水源宜由市政管网供给或采用浑浊度小于 10NTU 的工业用水。

4.2.6 水喷雾管道系统在最低点应设置放空阀，储存水喷雾消防用水的水池应定期进行水质检测。

4.2.7 地下变电站水喷雾系统应充分考虑排水措施。

4.3 细水雾灭火系统

4.3.1 细水雾灭火系统的设计及水质要求应符合现行国家标准《细水雾灭火系统技术规范》GB 50898 的规定。

4.3.2 油浸式变压器宜采用局部应用方式的开式细水雾系统。

4.3.3 细水雾系统宜选用泵组系统。消防水泵不应少于 2 台，其中备用水泵不应少于 1 台。当被防护的变压器数量大于等于 2 台时,可共用一套供水设备。

4.3.4 开式系统采用全淹没方式时,户内变电站的变压器室不宜有不能关闭的开口,变压器室与其他空间相通的开口和室内的通风机、排烟系统及其管道中的防火阀应与火灾自动报警系统联动,并应在细水雾灭火系统实施灭火前自动关闭。当防护区内的开口不能在系统启动时自动关闭时,宜在该开口部位的上方增设喷头。

4.3.5 喷头的布置应保证细水雾喷放均匀并完全覆盖保护区域,并符合下列规定:

    1 喷头与墙壁的距离不应大于喷头最大布置间距的 1/2。

    2 喷头与其他遮挡物的距离应保证遮挡物不影响喷头正常喷放细水雾;当无法避免时,应采取补偿措施。

4.3.6 采用局部应用方式的开式系统,其喷头布置应能保证细水雾完全包络或覆盖保护对象或部位,喷头与保护对象的距离不宜小于 0.5m。用于保护室内油浸式变压器时,喷头的布置尚应符合下列规定:

    1 当变压器高度超过 4m 时,喷头宜分层布置。

    2 当冷却器距变压器本体超过 0.7m 时,应在其间隙内增设喷头。

    3 当变压器下方设置集油坑时,喷头布置应能使细水雾完全覆盖集油坑。

    4 满足本标准第 4.1.5 条的要求。

4.4 排油注氮防爆型灭火系统

4.4.1 排油注氮防爆型灭火系统的设计基本参数及取值范围应符合表 4.4.1 的规定。

表 4.4.1 排油注氮防爆型灭火系统的设计基本参数及取值范围

序号	基本参数	取值范围
1	排油管道直径(mm)	≥100
2	注氮管道直径(mm)	≥25
3	注氮口数量(个)	2～6
4	注氮压力(MPa)	0.5～1.0
5	火灾探测器数量(个)	8～12
6	氮气瓶工作压力(MPa)	15±0.5
7	持续注氮时间(min)	≥30
8	断流阀隔断流量(L/min)	80～120

注:注氮口的口径应为25mm。

4.4.2 当注氮阀全开,氮气灭火剂从注氮口直接注入变压器油箱时,排油注氮防爆型灭火系统注氮压力不应小于0.5MPa。

4.4.3 在排油阀全开、注氮阀全开、排油侧压力接近于大气压时,氮气灭火剂流量由氮气减压阀的流量特性确定,氮气减压阀的流量特性由产品制造企业提供。灭火剂设计用量应按下式计算:

$$M_{N_2} = Q_{N_2} \times t_{N_2} \times \rho_{N_2} \qquad (4.4.3)$$

式中:M_{N_2}——灭火剂设计用量(kg);

$\quad\ Q_{N_2}$——氮气体积流量(m³/s);

$\quad\ t_{N_2}$——持续注氮时间(s);

$\quad\ \rho_{N_2}$——氮气密度(kg/m³),取 $\rho_{N_2} = 1.211$kg/m³(0℃、标准大气压时)。

4.4.4 排油阀全开,变压器油箱压力从大于等于压力释放阀动作整定值降至正常工作压力的时间不应大于5s,压力释放阀动作整定值由变压器制造企业提供。

4.4.5 排油管道阻力计算应按氮气注入变压器油箱,排油管道中油、气流动阻力最大时确定,并应按下式计算:

$$\Delta P_{oil} = 2.88 K_{oil} \times \frac{\rho_{oil} \overline{V}_{oil}^2}{2} + C_{oil} \times \frac{L_{oil}}{D_{oil}} \times \frac{\rho_{oil} V_{oil}^2}{2} \quad (4.4.5\text{-}1)$$

$$\overline{V}_{oil} = K_V \times \sqrt{\frac{2 \times (P + H_{oil} \times 800 \times 9.8)}{800}} \quad (4.4.5\text{-}2)$$

$$C_{oil} = 0.3164 \times \left(\frac{\overline{V}_{oil} D_{oil}}{v_{oil}} \right)^{-0.25} \quad (4.4.5\text{-}3)$$

式中：ΔP_{oil}——排油管道阻力(Pa)；

$\quad P$——压力释放阀动作整定值(Pa)；

$\quad K_{oil}$——排油管道局部阻力修正系数；

$\quad K_V$——排油管道流速修正系数；

$\quad C_{oil}$——排油管道内壁面摩擦阻力系数；

$\quad \overline{V}_{oil}$——对应排油管中介质最大流量时的平均流速(m/s)；

$\quad \rho_{oil}$——变压器油密度,取 $\rho_{oil} = 800 kg/m^3$；

$\quad L_{oil}$——从变压器油箱出口至排油管出口的管道长度(m)；

$\quad D_{oil}$——排油管内径(m)；

$\quad H_{oil}$——油箱液位高度(m)；

$\quad v_{oil}$——变压器油运动粘度(m^2/s)。

4.4.6 氮气在进入变压器油箱前的注氮管道阻力损失,应按下式计算：

$$\Delta P_{N_2-pipe} = C_{N_2} \frac{L_{N_2}}{D} \times \frac{\rho_{N_2} \times Q_{N_2}^2}{D^4} + 0.637 \times (0.75 K_1 + 0.2 K_2) \times \frac{\rho_{N_2} \times Q_{N_2}^2}{D^4}$$

$$= \left(C_{N_2} \frac{L_{N_2}}{D} + 0.478 K_1 + 0.127 K_2 \right) \times \frac{\rho_{N2} \times Q_{N_2}^2}{D^4} \quad (4.4.6\text{-}1)$$

$$C_{N_2} = 0.3164 \times \left(\frac{\overline{V}_{N_2} D}{v_{N_2}} \right)^{-0.25} \quad (4.4.6\text{-}2)$$

$$\overline{V}_{N_2} = \frac{Q_{N_2}}{\frac{\pi}{4} D^2} \quad (4.4.6\text{-}3)$$

$$\rho_{N_2} = 1.25 \times (10 P_{N_2} + 1.0) \quad (4.4.6\text{-}4)$$

式中：ΔP_{N_2-pipe}——注氮管道阻力（Pa）；

C_{N_2}——注氮管道内壁面摩擦阻力系数；

L_{N_2}——注氮管道长度（m）；

D——注氮管内径（m）；

ρ_{N_2}——氮气密度（kg/m³），取 $\rho_{N_2}=1.211\text{kg/m}^3$（0℃、标准大气压时）；

Q_{N_2}——氮气体积流量（m³/s）；

K_1——注氮管道弯头数量；

K_2——注氮管道阀门数量；

$\overline{V}_{N_2}$——注氮管中氮气流速（m/s）；

v_{N_2}——氮气运动黏度（m²/s）；

P_{N_2}——注氮管内氮气压力（MPa）。

4.4.7 氮气进入变压器油箱后，氮气搅拌变压器油，在油箱中气、油流动的阻力损失应按下式计算：

$$\Delta P_{N_2-box}=P+1\,480H_{oil}+\frac{\rho_{oil}\times Q_{N_2}^2}{D^4}\times K_\mu \quad (4.4.7)$$

式中：ΔP_{N_2-box}——氮气进入油箱的阻力（Pa）；

P——压力释放阀动作整定值（Pa）；

H_{oil}——油箱液位高度（m）；

ρ_{oil}——变压器油密度（kg/m³），取 $\rho_{oil}=800\text{kg/m}^3$；

Q_{N_2}——氮气体积流量（m³/s）；

D——注氮管内径（m）；

K_μ——冷却油的黏度影响系数。

4.4.8 排油注氮防爆型灭火系统的主要部、组件应符合本标准附录 A 的有关技术要求。

4.4.9 排油注氮防爆型灭火装置制造企业应有必要的试验装置和测试仪表，并应对下列排油注氮防爆型灭火系统的主要部、组件按照有关国家标准进行出厂前试验：

1 排油阀、注氮阀、断流阀的压力试验,密封试验和断流阀的关闭试验。

2 火灾探测器的静态动作温度试验和响应时间试验。

3 控制柜的功能、性能试验。

4.4.10 排油注氮防爆型灭火装置的供应商应向用户提供系统主要部组件排油阀、注氮阀、断流阀、火灾探测器、控制柜等的技术数据。

4.4.11 排油注氮灭火系统在满足本标准附录 A 的技术要求之外,还应有防误动的措施:

1 排油管路上的检修阀处于关闭状态时,检修阀应能向消防控制柜提供检修状态的信号。消防控制柜接收到的消防启动信号后,应能禁止灭火装置启动实施排油注氮动作。

2 消防控制柜面板应具有如下显示功能的指示灯或按钮:指示灯自检;消音;阀门(包括排油阀、氮气释放阀等)位置(或状态)指示;自动启动信号指示;气瓶压力报警信号指示等。

3 消防控制柜同时接收到火灾探测装置和气体继电器传输的信号后,发出声光报警信号并执行排油注氮动作。

5 火灾报警与系统启动

5.1 火灾自动报警系统的设计

5.1.1 火力发电厂和变电站的变压器火灾自动报警系统的设计应符合现行国家标准《火灾自动报警系统设计规范》GB 50116 的规定。

5.1.2 火灾自动报警系统应设置联动控制器,可联动启动相应的固定式灭火系统。

5.1.3 变压器的固定式灭火系统应设有自动控制、手动控制、机械应急操作三种控制方式,平时应采用自动控制方式,并应具备远程监控功能。

5.1.4 在设有火灾报警与灭火系统的火力发电厂和变电站中,变电站的每台户外变压器或每间变压器室应划为 1 个火灾探测区域,所有户外变压器或变压器室宜划分为 1 个火灾报警区域。火力发电厂的每台发电机组(包括主变压器、启动变压器、联络变压器、厂用变压器等)宜划分为 1 个火灾报警区域。

5.1.5 变电站的火灾自动报警系统应能显示变压器火灾报警部位和变压器固定式灭火系统的状态,并发出声、光报警信号。在无人值班的变电站中,应将上述信号以及火灾自动报警系统(包括联动控制设备)的故障信号输送至上级有人值班变电站。上级有人值班变电站的火灾自动报警系统宜与城市火灾报警信息系统联网。

5.1.6 变电站的火灾自动报警系统宜显示灭火剂控制阀门和其他联动控制设备状态信号;采用排油注氮防爆型灭火系统,还应集中显示排油阀和断流阀的状态信号。

5.1.7 火力发电厂的控制中心报警系统应能显示变压器的火灾报警信号和变压器固定式灭火系统的状态信号。

5.1.8 火灾自动报警系统应设置交流电源和蓄电池备用电源，交流电源应按一类负荷供电。

5.1.9 变压器火灾自动报警系统应设有接地装置。系统接地应符合现行国家标准《火灾自动报警系统设计规范》GB 50116 的规定。

5.2 火灾探测器

5.2.1 变压器火灾自动报警系统宜采用感温火灾探测器，室内变压器也可采用吸气式感烟探测器。火灾探测器的安装位置和数量应符合以下要求：

   1 当采用排油注氮灭火系统时，可采用线型感温火灾探测器或易熔合金感温火灾探测器。易熔合金感温火灾探测器宜安装于变压器顶部，其温度敏感元件离变压器油箱距离不应超过 180mm，数量不得少于 2 个。

   2 当采用除排油注氮灭火系统外其余灭火系统时，宜采用线型感温火灾探测器。探测器可安装于变压器顶部，或环绕变压器安装。当安装于变压器顶部时，宜布置在释压口、储油柜、散热器(分体式散热器除外)、瓷套管法兰等易于爆裂着火的部位，且应保持与变压器上方带电设备的安全距离，不应紧贴箱盖敷设；环绕变压器安装时，宜分上、下两层布置，距离变压器油箱不宜超过 0.5m。

   3 室内变压器采用吸气式感烟探测器时，应安装于变压器上方，保持与变压器上方带电设备的安全距离，且不应采用金属吊杆。

5.2.2 感温火灾探测器的温度敏感元件应使用灵敏度高、响应时间短的元件，火灾探测器的响应时间不应大于 30s。

5.2.3 易熔合金感温火灾探测器温度敏感元件的静态动作温度的误差范围和试验方法,应符合现行行业标准《消防用易熔合金元件通用要求》GA 863 的规定;线型感温火灾探测器的设备性能、安装方式和试验方法,应符合现行国家标准《线型感温火灾探测器》GB 16280 的规定。

5.2.4 当感温火灾探测器装置在变压器油箱顶部时,其温度敏感元件的额定动作温度应超过夏季高温季节变压器满负荷时变压器油箱顶部周围空气所达到的温度。

5.2.5 易熔合金感温火灾探测器的弹簧、行程开关、触点等元件应密封在防尘罩壳内,但温度敏感元件不宜装置罩壳。

5.2.6 易熔合金感温火灾探测器的触点电路电阻、额定电流、额定电阻、触点接通容量、触点失效率应符合现行国家标准《电气继电器 第 23 部分:触点性能》GB/T 14598.1 的规定。

5.3 系统启动

5.3.1 变压器火灾自动报警与固定式灭火系统的启动,应符合以下要求:

1 当满足逻辑启动条件时,采用自动启动方式,通过联动控制回路启动变压器固定式灭火系统,同时发出声、光报警信号。

2 在确认变压器火灾发生且固定式自动灭火系统未自动启动时,运行人员可在现场或控制室,采用手动启动方式启动变压器固定式灭火系统。

5.3.2 水喷雾及细水雾系统宜在 2 个或 2 个以上火灾探测器发出火灾信号和变压器失电信号同时发生时,予以启动。

5.3.3 排油注氮系统的启动控制,宜选用以下信号和外部火灾探测信号及变压器失电信号进行逻辑组合:

1 变压器非电气量保护信号。

2 就地油压超压信号。

5.3.4 系统严禁在单独信号动作时自动启动。

5.4 系统拒动和误动的防止

5.4.1 火灾自动报警与固定式灭火系统控制柜的抗电磁干扰能力，应通过国家 EMC 认证。

5.4.2 固定式灭火系统启动回路应通过抗电磁干扰检测。

5.4.3 排油注氮防爆型灭火系统宜采用双组并列的启动回路，一组反映变压器内部故障信号逻辑组合启动回路，另一组反映变压器火灾信号逻辑组合启动回路。

5.4.4 灭火剂泄漏应进行报警。

5.4.5 手动火灾报警按钮应加装保护罩，露天布置的手动报警按钮应设置防雨措施。

5.4.6 变压器开关跳闸信号宜引入变压器火灾自动报警系统，作为固定式灭火系统的一个启动条件。

6 施　工

6.0.1　水喷雾灭火系统和细水雾灭火系统的施工应符合现行国家标准《水喷雾灭火系统技术规范》GB 50219 和《细水雾灭火系统技术规范》GB 50898 的规定。水喷雾和细水雾灭火系统的水压强度试验压力应为设计工作压力的 1.5 倍。

6.0.2　排油注氮防爆型灭火系统的施工应符合以下要求：

　　1　管道的施工应按现行国家标准《工业金属管道工程施工及验收规范》GB 50235 和《现场设备、工业管道焊接工程施工及验收规范》GB 50236 的规定执行。

　　2　阀门和排油管道及注氮管道应采用法兰连结，法兰间应用耐油"O"形圈密封或金属平垫圈密封。

　　3　排油管道及注氮管道伸向消防柜的水平管道应有不小于 2% 的上升坡度。

　　4　排油管道和注氮管道应设固定支、吊架用于固定，固定应牢靠。注氮管道支、吊架的间距应符合表 6.0.2 的规定。注氮管道末端近变压器油箱处，应用支架固定。

表 6.0.2　注氮管道支、吊架的间距

公称直径(mm)	20	25	32	40
间距(m)	≤1.5	≤1.8	≤2.1	≤2.4

　　5　系统的管道基本安装完毕，在未连结排油隔离阀和注氮隔离阀前，应采用高压空气对排油管道和注氮管道进行吹扫，清除管内的杂物及尘土。吹扫完毕，应采用白布检查，直至无铁锈、尘土、水渍及其他杂物出现。

　　6　系统的排油管道和注氮管道全部安装结束后应采用变压

器本体油进行管道试压。管道注油试压前必须打开排气阀或排气注塞排除管道内空气。试验压力 0.15MPa,稳压 2h,应无渗漏,压力降不应大于精度为 1.0 级、量程为 0.2MPa 试压监测压力表的 1 个刻度值。

6.0.3 变压器火灾自动报警系统的施工应符合现行国家标准《火灾自动报警系统施工及验收规范》GB 50166 的规定。

6.0.4 整体型感温火灾探测器安装前,应先将火灾探测器支架固定在变压器油箱顶部的安装座上,火灾探测器与支架间应用紧固件固定。

6.0.5 装置于变压器顶部及周围的信号传输线应采用耐老化防护层、耐高温阻燃绝缘层的专用电缆,绝缘层的许可工作温度不应低于 150℃;火灾探测器布线应独立引线至消防端子箱。

6.0.6 易熔合金感温火灾探测器之间的电缆连接应符合以下要求:

1 接线头宜采用"O"形或"Y"形预绝缘接头压接。

2 连接电缆应采用本章第 6.0.5 条规定的专用电缆。

3 户外变压器进入接线盒的电缆、接线盒盒盖的密封应符合防雨要求。

4 雨天不应进行户外变压器探测器的接线安装工作。

7 验 收

7.1 一般规定

7.1.1 系统的竣工验收应由建设单位组织质检、设计、施工、监理、运行等单位共同参加。

7.1.2 系统验收时,应进行火灾自动报警与固定式自动灭火系统联动模拟试验。模拟试验应符合本章第7.3节的规定。

7.1.3 系统竣工验收时,建设、施工单位应提供以下资料:

1 经批准的施工验收申请报告。

2 施工竣工图、设计说明书、设计变更文件。

3 主要系统组件和材料应有符合市场准入制度要求的检验报告、有效证明文件、产品出厂合格证和相关材料以及材料和系统组件进场检验的复验报告。

4 系统及其主要组件的安装使用和维护说明书。

5 施工单位的有效资质文件和施工现场质量管理检查记录。

6 系统施工过程质量检查记录、施工事故处理报告。

7 系统试压记录、管网冲洗记录和隐蔽工程验收记录。

8 系统施工过程调试记录。

9 其他资料。

7.2 火灾自动报警系统的验收

7.2.1 火灾自动报警系统的验收应符合现行国家标准《火灾自动报警系统施工及验收规范》GB 50166 的规定。

7.2.2 所有火灾探测器和手动火灾报警按钮应进行火灾模拟试验,每次试验均应正常。

7.2.3 火灾报警控制器的主、备电源应进行 3 次切换试验,每次试验均应正常。

7.2.4 火灾报警控制器应进行功能试验,每个功能重复 1 次~2 次,被试验的基本功能应符合现行国家标准《火灾报警控制器》GB 4717 的规定。

7.2.5 各项检验项目中,当有不合格时,应修复或更换,并进行复验。复验时,对有抽验比例要求的,应加倍检验。

7.3 固定式自动灭火系统的验收

7.3.1 系统验收时,宜在系统采用自动启动方式情况下进行模拟试验。

7.3.2 系统模拟试验的启动条件,宜选取包含外部火灾探测信号和非电量信号或变压器开关跳闸信号的一组逻辑组合。

7.3.3 感温火灾探测器的模拟试验应采用专用测温装置进行。

7.3.4 手动火灾报警按钮应进行模拟启动试验,并重复1次~2次。

7.3.5 消防用电设备电源的自动切换装置,应进行 3 次切换试验,每次试验均应正常。

7.3.6 水喷雾灭火系统和细水雾灭火系统的验收应符合现行国家标准《水喷雾灭火系统技术规范》GB 50219 和《细水雾灭火系统技术规范》GB 50898 的规定。

7.3.7 水喷雾灭火系统的模拟试验方法应符合以下要求:

    1 系统符合启动条件时,消防水泵应启动,雨淋报警阀应开启,喷头应喷出水雾,并发出相应的声、光报警信号。

    2 拆下系统最不利点水雾喷头,安装精度等级不低于 1.0 级的压力计测量水压,压力不应低于设计要求规定的水压。

7.3.8 细水雾灭火系统应设置 1 套系统试验装置,其位置应设置在通向被防护变压器的供水管道上。

7.3.9 细水雾灭火系统的模拟试验方法应符合以下要求:

1 系统符合启动条件时,泵组细水雾灭火系统中的消防水泵应启动,水流控制阀门应开启,喷头应喷出水雾并发出相应的声、光报警信号;泵组与瓶组的组合细水雾灭火系统中的动力气体、启动气体储存容器的容器阀应开启,选择阀应开启,水流控制阀应开启,喷头应喷出水雾并发出相应的声、光报警信号。

2 拆下系统最不利点水雾喷头,安装精度等级不低于 1.0 级的压力计测量水压,压力不应低于设计要求规定的水压。

7.3.10 排油注氮防爆型灭火系统的模拟试验方法应符合以下要求:

1 系统符合启动条件时,排油阀开启,排油试验阀关闭,变压器油排至排油试验阀为止;注氮阀开启,氮气排入大气,断流阀关闭,并发出相应的声、光报警信号。

2 试验结束后,排油阀关闭,排油试验阀开启,注氮阀关闭,断流阀应恢复正常位置。

附录 A 排油注氮防爆型灭火系统主要部、组件的技术要求

A.0.1 灭火剂储存装置

1 灭火剂应采用纯度不低于 99.99％的工业氮气。

2 灭火剂储存瓶应符合现行国家标准《钢质无缝气瓶》GB 5099 的有关规定。

A.0.2 排油阀及其控制装置

1 排油阀的结构和所使用的材料以及其他因素,应按在 90℃以上连续工作的条件选取。

2 排油阀应选用快开型阀门。

3 排油阀应选用零渗漏的弹性密封副密封阀门。

4 排油阀的控制装置应在接收到阀门开启信号后,小于 200ms 的时间范围内,将排油阀打开。

5 排油阀的控制装置应有"自动开启"和"手动开启"两个运行操作方式,并有"运行"和"试验"两个工作状态。

A.0.3 注氮阀及其控制装置

1 变压器正常运行时,严禁氮气漏入变压器油箱。

2 注氮阀的控制装置应有"自动开启"和"手动开启"两个运行操作方式,并有"运行"和"试验"两个工作状态。

3 注氮阀应在排油阀开启后 2s～5s 时间范围内开启。

A.0.4 断流阀

1 断流阀在变压器正常工作情况下,应允许变压器油双向流动。

2 断流阀应具有手动复位装置,在接点闭合时,应能输出声、光信号。

A.0.5 消防柜

1 安装于露天的消防柜防护等级应不低于 IP55，进出消防柜的管道、电缆与消防柜箱体之间应装设密封圈。

2 消防柜应有防潮措施。

A.0.6 排油管道和注氮管道

1 排油管道、注氮管道均应选用经防锈处理的无缝钢管，排油管道使用的法兰也应进行防锈处理。

2 排油阀后宜装置排油试验阀。

3 注氮口应取相等设计流量，注氮管网分流点至各注氮口的管道阻力损失的差值不应大于 20%。

4 排油管道、注氮管道最高位置上均应安装排气阀门或排气旋塞。

A.0.7 控制柜

1 安装于控制柜中的排油注氮控制器应有火灾信号保持、记忆功能，并宜有自动或手动编程功能。

2 控制柜应有遥信、遥控接口。

附录 B 调试报告

年　月　日　　　编　号：

工程名称		工程地址			
使用单位		联系人		电话	
调试单位		联系人		电话	
设计单位		施工单位			

工程主要设备	设备名称型号	数量	编号	出厂年月	生产厂	备注

施工有无遗留问题		施工单位联系人		电话	

调试情况	

调试人员（签字）		使用单位人员（签字）	
施工单位负责人（签字）		设计单位负责人（签字）	

附录 C 管网冲洗(吹扫)记录表

工程名称：　　　　　　　　　　　　　　　　年　月　日

管段号	材质	管径(mm)	冲洗(吹扫)					结论意见
			介质	压力(MPa)	流速(m/s)	流量(L/s)	冲洗次数	

施工单位：　　　　部门负责人：　　　　技术负责人：　　　　质量检查员：

附录 D 系统试压记录表

工程名称：   年   月   日

管段号	材质	管径 (mm)	设计工作压力 (MPa)	温度 (℃)	强度试验				严密性试验			
					介质	压力 (MPa)	时间	结论意见	介质	压力 (MPa)	时间	结论意见

施工单位：   部门负责人：   技术负责人：   质量检查员：

附录 E 不同温度下水的密度及动力黏度

温度(℃)	密度 ρ(kg/m³)	动力黏度 μ(cP)
0	999.8	1.8
4.4	999.9	1.5
10.0	999.7	1.3
15.6	998.8	1.1
20.0	998.2	1.0
26.7	996.6	0.85
30.0	995.7	0.80
32.2	995.4	0.74
37.8	993.6	0.66
40.0	992.2	0.65
50.0	988.1	0.55

附录 F 系统验收表

序号	主要项目	分项内容	主要技术要求	分项验收意见		综合验收意见		
				合格	不合格	合格	基本合格	不合格
1	技术资料文件	1. 图纸、文件	设计竣工图纸、有关批件、设计修改文件					
		2. 隐蔽工程验收资料	埋地管路验收记录、隐蔽线、缆验收记录					
		3. 主要部、组件技术资料	合格证、技术性能测试记录					
		4. 调试及验收技术资料	部、组件调试记录,管网冲洗、试压记录					
2	灭火剂、电源等	1.灭火剂量、灭火剂储存容器	符合设计要求					
		2. 系统压力	系统最不利点处灭火剂压力符合设计要求					
		3.泵房功能	消防水泵数量、压力、流量、储水水箱容量等符合设计要求					
		4. 启动气源、动力气源	储气瓶储气量、数量、压力符合设计要求					
		5.电源	有备用电源,主、备电源切换可靠					
		6.其他						

— 27 —

续表

序号	主要项目	分项内容	主要技术要求	分项验收意见		综合验收意见		
				合格	不合格	合格	基本合格	不合格
3	管网	1. 灭火剂控制阀门	耐压、口径、通流量符合设计要求,无泄漏					
		2. 其他主要阀门	耐压、口径、通流量符合设计要求,无泄漏					
		3. 管网各管段口径、管件	符合设计要求					
		4. 管网布置、支吊	坡度、支吊间距等符合规范、标准要求					
		5. 喷头	喷头布置、数量符合设计要求,喷头有合格证					
4	模拟试验	1.火灾探测器	符合规范、标准要求					
		2.系统模拟试验	符合规范、标准要求					
5	维护管理	规章、维护管理人员	符合规范、标准要求					

本标准用词说明

1　为便于在执行本标准条文时区别对待,对要求严格程度不同的用词说明如下:

　　1)表示很严格,非这样做不可的用词:

　　　　正面词采用"必须";

　　　　反面词采用"严禁"。

　　2)表示严格,在正常情况下均应这样做的用词:

　　　　正面词采用"应";

　　　　反面词采用"不应"或"不得"。

　　3)表示允许稍有选择,在条件许可时首先应这样做的用词:

　　　　正面词采用"宜"或"可";

　　　　反面词采用"不宜"。

2　条文中指定应按其他有关标准、规范执行时,写法为"应按……执行"或"应符合……的规定(要求)"。

引用标准名录

1 《建筑设计防火规范》GB 50016

2 《火灾自动报警系统设计规范》GB 50116

3 《火灾自动报警系统施工及验收规范》GB 50166

4 《水喷雾灭火系统技术规范》GB 50219

5 《火力发电厂与变电站设计防火标准》GB 50229

6 《工业金属管道工程施工及验收规范》GB 50235

7 《现场设备、工业管道焊接工程施工及验收规范》GB 50236

8 《电气装置安装工程施工及验收规范》GB 50254～GB 50257

9 《细水雾灭火系统技术规范》GB 50898

10 《消防给水及消火栓系统技术规范》GB 50974

11 《线型感温火灾探测器》GB 16280

12 《火灾报警控制器》GB 4717

13 《钢质无缝气瓶》GB 5099

14 《自动喷水灭火系统 第5部分:雨淋报警阀》GB 5135.5

15 《电气继电器 第23部分:触点性能》GB/T 14598.1

16 《油浸变压器排油注氮灭火装置》GA 835

17 《消防用易熔合金元件通用要求》GA 863

18 《电力设备典型消防规程》DL 5027

19 《高压配电装置设计技术规程》DL/T 5352

上海市工程建设规范

油浸式电力变压器火灾报警与灭火系统技术标准

DG/TJ 08-2022-2020
J 11039-2020

条 文 说 明

2020　上海

目 次

Contents

1 总 则

1.0.4 本条阐述了编制本标准的目的。

大型油浸式变压器是火力发电厂和变电站重要的电气设备，由于变压器火灾引起的事故，往往会扩大为大面积停电事故，不仅造成重大的经济损失，而且还带来不良的社会影响。因此，如何防止或减少变压器火灾爆炸事故及事故扩大带来的影响，对于保护人员安全和减少财产损失是十分重要的。

目前上海电力系统大型油浸式变压器普遍采用的是水喷雾灭火系统，由于种种原因，运行情况并不令人满意。同时，排油注氮防爆型灭火系统和细水雾灭火系统等新型的灭火系统已开始在油浸式变压器上得到应用。

排油注氮防爆型灭火装置是法国瑟吉（SERGI）公司最先研制的适用于油浸式变压器的专用灭火装置。我国自 1989 年开始，由保定变压器厂引进、消化并研制了变压器排油注氮灭火装置，并于 1990 年 12 月在一台容量为 $9 \times 10^4 kV \cdot A$ 的变压器上进行了模拟灭火试验，然后在大型油浸式变压器上配套使用。从 20世纪 90 年代起，又有多家专业生产企业引进瑟吉公司 3000 型排油注氮防爆型灭火装置的产品技术，并陆续通过技术鉴定和产品鉴定，投入批量生产，推广应用。据不完全统计，国内已有 600 多台排油注氮防爆型灭火装置投入使用。同时，该装置已在 20 多个国家安装了 5000 多台，技术已经成熟。2005 年，中国工程建设标准化协会以 CECS 187 标准号颁布了《油浸变压器排油注氮灭火装置技术规程》。

细水雾灭火技术的应用始于 20 世纪 40 年代，当时主要用于特殊的场所，如应用于轮船上，但发展比较缓慢。直到 20 世纪 90

年代,由于环保问题,哈龙气体灭火剂被逐步淘汰,而细水雾作为灭火剂对于环境的潜在优势使其应用范围在不断地拓展。细水雾灭火系统用于居住建筑、可燃液体储存设施及电器设备方面的研究,取得了许多实际应用的成果,从而推动细水雾灭火技术得到了飞跃性的发展。1993 年,美国组建了美国防火协会细水雾灭火系统技术委员会,着手编制用于规范细水雾技术的 NFPA 标准。1996 年,NFPA-750(96 版)被批准为美国国家规范,这是世界上第一部细水雾灭火系统的设计安装规范。同时,许多发达国家(主要是欧美一些国家、日本等)也相继开发出多种类型的细水雾灭火系统。如德国雾特(Fogtec)高压细水雾灭火系统在国外有很多应用于户内油浸式变压器的实例,该产品已引进国内,用于北京开阳里 110kV 地下变电站。我国台湾地区细水雾灭火系统在户内、户外油浸主变压器上也有许多应用实例,使用的产品有挪威的 Mistex、丹麦的 Sem-safe、芬兰的 Hi-Fog、德国的 Fog-tec、瑞典的 Ultra Fog、加拿大的 Scope 2000 等。我国 20 世纪 90年代末开始进行细水雾灭火系统的研究开发和试验工作,并列为国家"九五"科技攻关项目,主要是参照美国 NFPA-750 标准并结合我国实际应用情况开展各项研发工作。目前南京消防器材股份有限公司和上海亚泰消防工程有限公司等都已开发出细水雾灭火系统产品并投入使用。如云南蒙自 110kV 凤凰户内变电站,油浸式主变压器即安装了南京消防器材股份有限公司的中压细水雾灭火系统,并已投入运行。国内已有细水雾灭火系统设计、施工及验收规范的地方性标准——北京市地方性标准和浙江省、江苏省等工程建设标准。

　　本标准编制的目的就是用来指导在不同场所使用的油浸式变压器如何合理地选用火灾自动报警系统和固定灭火系统以及设计、施工和验收。

1.0.5 本条规定了本标准的适用范围。

　　本条的依据是现行国家标准《火力发电厂与变电站设计防火规

范》GB 50229。该标准规定火力发电厂内容量为 90MV·A 及以上的油浸式变压器和独立变电站内单台容量为 125MV·A 及以上的油浸式变压器应设置火灾自动报警系统和固定灭火装置。本标准范围限于电力系统内 110kV 及以上电压等级的变压器,不包括用户站的变压器及低电压等级的变压器。本次修订适用范围也包括了地下布置的变压器和联建变电站的变压器。

2 术 语

2.0.7 本条为新增条文。变电站不建议与住宅、学校、养老院等建筑合建,当变电站与除住宅等之外的非居建筑(主要为办公楼等公共建筑)采用贴建或合建的方式联合建设时,称为联建变电站,联建变电站与非居建筑一体化规划、一体化设计、一体化施工。因变电站通常无人值班,但非居建筑平时有人员出入,故联建变电站的消防要求应高于单独建造的独立变电站。

3 系统选用

3.1 一般规定

3.1.1 本条文的依据是现行国家标准《火力发电厂与变电站设计防火规范》GB 50229,规定火力发电厂内容量为 90MV·A 及以上的油浸式变压器和变电站单台容量为 125MV·A 及以上的主变压器应设置火灾自动报警系统、水喷雾灭火系统或其他固定式灭火装置。本条文还根据上海市的实际情况,增加了 110kV 地下布置和联建变电站内的油浸式变压器也应设置固定式灭火系统和火灾自动报警系统的要求。

高电压等级油浸式电抗器等充油设备发生火灾与变压器情况类似,故可参照变压器要求执行。

3.1.2 随着电力科技的发展,为了更好地解决大型变压器的散热问题,变电站内油浸式电力变压器的散热器从直接安置在变压器油箱侧面,逐步发展成为与变压器箱体分离布置的分体式散热器。即将主变压器本体布置在一个独立的变压器小室内,而将散热器布置在与其相邻的户外或半户外的间隔中,并通过油管道与变压器本体联通,达到更好的散热效果。根据调研分析,包括对大型主变压器爆炸事故的统计分析,以及走访变压器制造厂家与变压器设计工程师的共同探讨分析,认为独立布置的分体式散热器,由于其结构特点,在变压器本体油箱发生故障甚至爆炸起火时,分体式散热器部分是不会发生爆炸起火的。因此,本条文规定,变电站内油浸式电力变压器当采用有防火墙隔离的分体式散热器时,布置在户外或半户外的分体式散热器周围可不设置火灾自动报警系统和固定式灭火系统。

3.1.3 由于500kV电压等级的地下变电站,一般地处城市中心城区,而且在电网中是骨干网架的重要支点,对保证电网的安全和城市可靠供电的重要性是显而易见的。因此,对500kV电压等级地下变电站的油浸式变压器火灾自动报警系统和固定式灭火系统的选用应特别慎重。需进行多方案的比选,必要时需邀请有关方面的专家进行论证评审后确定。

3.2 固定式自动灭火系统

3.2.1 位于城区的户外变电站,往往处于公共建筑和住宅建筑密集区域,周边人员流动较频繁,一旦变电站内油浸式变压器发生火灾,甚至火灾向外蔓延,将造成十分严重的后果。因此,应快速将火灾控制在变压器周边范围内。这时,应选用水喷雾灭火系统来进行有效隔离,进行火灾的扑灭。

而对于原设计未要求变压器安装固定式灭火系统的变电站,一般占地都比较紧凑,无法安装水喷雾灭火系统及其附属系统。因此,当电网发展需要进行扩建或改建时,可选用排油注氮防爆型灭火系统,以及时从变压器内部来限制故障的发展,达到防爆防火的效果。

此外,经过努力,变电站消防水源仍不能满足水喷雾灭火系统对水源的要求时,也可选用排油注氮防爆型灭火系统。

3.2.2 户内变电站一般都地处中心城区,由于占地面积较小,站内设备的布置结构较紧凑,而且油浸式变压器大都采用分体式散热器。变压器本体则布置在一个独立的、可密闭的变压器小室内。如果变压器发生爆炸起火,其影响范围一般也仅局限在该小室内,直至火焰在满足不了其必要的燃烧三要素(可燃物、温度和氧气)时,自动熄灭。因此,宜选用细水雾灭火系统,既能达到熄灭火灾的目的,又能节约资源,包括淡水资源、土地资源、动力资源和灭火系统的投资。

而当变压器本体设置在单独的变压器室内,且散热器采用分体布置时,由于变压器发生爆炸起火时,消防人员比较容易进入实施灭火,因此,选用排油注氮防爆型灭火系统,能及时从变压器内部来限制故障的发展,达到更好的防爆防火效果。

3.2.3　火力发电厂油浸式变压器灭火系统的选用基本同于户外变电站变压器灭火系统的选用。由于火力发电厂设备众多,一般都配有较庞大的消防系统和专职管理人员,因此在火力发电厂油浸式变压器上普遍采用水喷雾灭火系统,并有较好的运行条件。

3.2.4　近年来,城区低电压等级地下、半地下站有增多趋势,本体布置于地下的地下、半地下变电站油浸式主变均应设置固定灭火系统保护。地下站宜采用细水雾灭火系统的理由同户内变电站。国家标准《建筑设计防火规范》GB 50016 的修编和《细水雾灭火系统技术规范》GB 50898 的颁布,也为变压器细水雾系统的应用提供了国家层面的理论支撑。

3.2.5　本条为新增条文。联建站选用细水雾灭火系统的理由同第 3.2.4 条。

3.3　火灾自动报警系统

3.3.1　根据现行国家标准《火灾自动报警系统设计规范》GB 50116,仅需要报警,不需要联动自动消防设备的保护对象宜采用区域报警系统;不仅需要报警,同时需要联动自动消防设备,且只设置 1 台具有集中控制功能的火灾报警控制器和消防联动控制器的保护对象,应采用集中报警系统,并应设置 1 个消防控制室。上海地区 110kV 及以上变电站适用于设置集中报警系统的规定。

3.3.2　按照现行国家标准《火力发电厂与变电站设计防火规范》GB 50229 的规定,机组容量为 300MW 及以上的燃煤电厂应设置火灾自动报警系统。根据现行国家标准《火灾自动报警系统设计规范》GB 50116,设置 2 个及 2 个以上消防控制室的保护对象,或已设置 2 个及 2 个以上集中报警系统的保护对象,应采用控制中心报警系统。上述电厂应是消防特级保护对象,火灾自动报警系统应选用控制中心报警系统。

4 变压器灭火系统

4.1 一般规定

4.1.1 本条规定了设计变压器固定式灭火系统时选用组件的要求。

变压器的固定式灭火系统属于电力设备的灭火系统,对其组件有很多特殊的要求,例如产品的耐压等级、工作的可靠性、自动控制操作时的响应时间等,都有更为严格的规定。因此,变压器的固定式灭火系统的组件,均要采用经过国家消防产品质量监督检测中心检测合格、符合国家有关标准的产品。

4.1.2 本条所规定的变压器固定式灭火系统的一些装置、设备宜设置在靠近变压器的便于操作的专用设备间或专用消防柜内,不能设置在露天场所、走廊、过道及临时性或简易的构筑物内。专用设备间不得放置其他与消防无关的设备或材料,不能兼作其他与消防无关的操作之用。专用设备间或专用消防柜靠近变压器是为了缩短管道长度,减少管道摩擦阻力损失。

4.1.3 本条规定了专用设备间的环境温度、湿度、通风条件均需满足灭火剂储存及安装消防专用设备的条件,另外还规定了专用设备间的耐火等级。

4.1.4 在变压器的固定式灭火系统中加装了断流阀后,当油浸式变压器发生火灾时,能及时切断储油柜至变压器油箱的油路,储油柜中的变压器油就不会源源不断地流下,作为燃料参与燃烧。这样,可以抑制变压器火灾蔓延,使变压器的固定式灭火系统能更有效地扑灭火灾。除排油注氮变压器外,其他变压器的灭火前提是变压器爆裂后油外泄,断流阀作用很小,故可不设置。

4.1.5 本条为新增条文。调研发现,在变压器火灾中,绝缘子升高座孔口亦为火灾薄弱部位,应设喷头保护。

4.1.6 根据国家标准《水喷雾灭火系统技术规范》GB 50219—2014 第 6.0.9 条要求进行的修订,较国家标准《火力发电厂与变电站设计防火规范》GB 50229—2006 第 11.7.1 条进一步提高了固定式灭火系统的供电等级要求。

4.1.7 消防泵房应根据现行国家标准《建筑设计防火规范》GB 50016 和《消防给水及消火栓系统技术规范》GB 50974 相关条文进行设计,其中《消防给水及消火栓系统技术规范》GB 50974 对附设在建筑内的水泵房规定更具体,变电站尤其是地下变电站和联建变电站应参照执行。

4.1.8 本条为新增条文。根据现行国家标准《消防给水及消火栓系统技术规范》GB 50974 对消防水泵控制柜作出规定。

4.1.9 本条为新增条文。为强调主变压器固定灭火系统的设计必须能有效满足灭火要求,不因设计角度、位置等影响灭火效果,同时需满足带电体的安全净距要求。

4.2 水喷雾灭火系统

4.2.1 水喷雾灭火系统的设计应根据大型油浸式变压器这个特定对象,以灭火作为防护目的,系统设计应符合现行国家标准《水喷雾灭火系统技术规范》GB 50219 的规定。

4.2.2 上海电力公司检修公司所属变电站,变压器大多使用水喷雾灭火系统,该公司多个变电站曾相继发生雨淋报警阀误动作,即在变压器正常运行时,雨淋报警阀突然开启。因此,本条规定,雨淋报警阀组制造企业应根据国家标准《自动喷水灭火系统第 5 部分:雨淋报警阀》GB 5135.5—2003 第 5.7 条的要求,进行渗漏和变形试验,并提供国家消防产品质量监督检测中心的检测报告。

4.2.3 水雾喷头在相同喷雾强度条件下,若雾化效果好,则有助于提高灭火效率。雾滴体积直径 D_{vf} 是体现水雾喷头在一定压力下雾化效果的一种表示方法,$D_{v0.5}$、$D_{v0.99}$ 越小,雾化效果越好。但雾滴体积过小,水雾动量过小,不能有效地与火焰接触,穿透火焰,也达不到较好的灭火效果,尤其对于户外变压器,环境风力较大时,影响就更大。本条规定了水雾累积体积分布的数值,就是为了达到理想的灭火效果。

本条规定的在喷头最小工作压力即 0.35MPa 时的水雾累积体积分布,比现行国家标准《自动喷水灭火系统 第 3 部分:水雾喷头》GB 5135.3 规定的 $D_{v0.99}$ 应小于 $1000\mu m$ 的要求稍高,喷头制造企业是能够满足上述技术要求的。因此,本条规定是可行的。

变压器水喷雾灭火系统施工企业在施工前,可以任意抽查数量不少于 5 个的喷头,至国家消防产品质量监督检测中心检测。当有 2 个及 2 个以上不合格时,不得使用该批喷头,当仅有 1 个不合格时,应再抽查 10 个。若喷头制造企业在产品出厂时,已提供按国家标准《自动喷水灭火系统 第 3 部分:水雾喷头》GB 5135.3—2003 第 6.5 条雾滴尺寸测量方法测定的数据,且符合本条规定,则不需进行抽检。

4.2.4 国家标准《水喷雾灭火系统设计规范》GB 50219—2014 第 3.1.3 条中规定的水雾喷头工作压力,当用于灭火时,不应小于 0.35MPa。这是参照国外同类规范,如美国防火协会NFPA-15 和日本损害保险料率算定会规则的规定,用于灭火时,水雾喷头的最低工作压力为 0.35MPa。

4.2.5 火力发电厂变压器水喷雾灭火系统用水一般取自电厂原水,其水质较差,浑浊度超过 10NTU,一旦变压器发生火灾,消防水容易堵塞水雾喷头,影响灭火效果。本条规定,当火力发电厂原水水质较差时,可选用市政水或浑浊度低于 10NTU 的工业水,作为水喷雾灭火系统用水。另应增设消防水源水质检测装置及采取确保水质满足规范要求的措施。

4.2.6　本条为新增条文。根据调研,发现湖南、湖北、厦门等地125MV·A及以上主变压器多采用水喷雾灭火系统,运行后发生在消防验收试喷后水喷雾管道内的积水无法完全排空,空管中水和空气接触氧化,管道内壁易锈蚀,造成水中含有铁锈颗粒造成喷头堵塞。上海地区水喷雾管道系统在最低点设置放空阀,可以有效地解决放空问题。

4.2.7　本条为新增条文。水喷雾系统所需消防水量较大,地下变电站水喷雾系统的设计应充分考虑地下油坑储存消防排水量、泵房内排水措施以及集水坑有效容积,使得水喷雾消防排水能及时、有效地排出。

4.3　细水雾灭火系统

4.3.1　细水雾灭火系统的设计应主要根据户内、地下和联建站的油浸式变压器这个特定对象,以灭火作为防护目的,系统设计应符合现行国家标准《细水雾灭火系统技术规范》GB 50898 的规定。

4.3.2　在系统选型时,主要考虑可燃物种类、数量、摆放位置及抑制或扑灭防火的设计目标等因素。开式系统既可用于抑制火灾,也可用于扑灭火灾,还可用于保护多种类型火灾的对象。

4.3.3　泵组系统种类繁多,应用范围广,可以持续灭火,适合长时间、持续工作的场所,尤其是涉及人员保护或防护冷却的场所。

4.3.4　为了保证开式系统采用全淹没应用方式时,系统喷放细水雾后具有良好的窒息效果,当系统启动时,要避免因空间的开口(特指空间的门、窗等)而导致细水雾流失,减少环境对流的影响。对于不能关闭的开口,要考虑在其开口处增设局部应用喷头等补偿或等效分隔措施。

4.3.5　细水雾喷头一般按矩形布置,也有按其他形式布置的。

对于开式系统,其基本要求是能将细水雾均匀分布并充填防护空间,完全遮蔽保护对象。位于细水雾喷头附近的遮挡物有可能对喷头喷雾效果产生不利影响,如阻止喷雾顺利到达或完全包络保护对象等,设计时要避开遮挡物体,或采取局部加强保护措施。

4.3.6 开式系统采用局部应用方式保护时,由于产品不同且保护对象各异,其喷头布置没有固定方式,需要结合保护对象的几何形状进行设计,以保证细水雾能完全包络或覆盖保护对象或部位。细水雾喷头与保护对象间要求有最小距离的限值,以实现细水雾喷头在这个距离的良好雾化。细水雾喷头与保护对象间也要求有最大距离的限值,以保证喷雾具有足够的冲量,并到达保护对象表面。

细水雾灭火系统用于保护油浸式变压器,是开式系统局部应用方式的典型应用。本条给出了更具体的喷头布置要求。

4.4 排油注氮防爆型灭火系统

4.4.1 为了保证大型油浸式变压器排油注氮防爆型灭火系统的防爆、防火效果,需要在变压器发生内部故障时,迅速排泄变压器油箱顶部部分变压器油以降低油压,这样就能有效防止变压器油箱爆裂。为此,排油管道的通流能力应予保证。当变压器油箱顶部排油时,断流阀应关闭,以隔断储油柜至变压器油箱之间的油路。合适的断流阀隔断流量可以保证在变压器排油时,断流阀关闭,而在正常情况下,断流阀开启,使储油柜与变压器油箱的油得以交换。

在注氮过程中,应保持注氮压力和注氮管道的通流能力。注入适量的氮气,以便搅拌油箱中的变压器油,冷却故障点。持续的注氮时间是为了保证变压器内部故障点的充分冷却,并在变压器发生火灾时,防止变压器复燃。

火灾探测器的数量作为设计基本参数是使变压器发生火灾

时,及时将火灾信号输入至火灾报警控制器的需要。

为了达到上述目的,本条规定的设计基本参数应在表 4.4.1 所示范围之内。

4.4.2~4.4.3 排油注氮防爆型灭火系统的氮气灭火剂注入变压器油箱的方式有两种:一种是直接将注氮管道接至注氮口,氮气注入油箱;另一种是将注氮管道经注氮口接入变压器油箱底部,然后在油箱内的注氮管道上隔一定距离开一直径为 3mm 的注氮孔,氮气从注氮孔注入油箱。后一种方式,将有利于氮气搅拌变压器油,冷却故障点,但增加了变压器油箱加工制造的难度;前一种方式,只有在注氮压力较后一种方式高时,方能搅拌变压器油。目前,排油注氮防爆型灭火装置制造企业大多采用前一种注氮方式。

灭火剂的设计用量的计算方法由于上述注氮方式的差异而有所不同。本标准第 4.4.2、第 4.4.3 条规定的是注氮管道直接接至注氮口的计算方法。

而注氮管道接入变压器油箱底部,通过大量注氮孔注氮的后一种注氮方式的氮气流量的确定,应按下式计算:

$$M_{N_2} = 15.7 \times K_{N_2} \times K_\mu \times D_{N_2}^2 \times \sqrt{273 + T_{oil}} \times \rho_{N_2} \times t_{N_2} \quad (1)$$

式中:M_{N_2}——灭火剂设计用量(kg);

K_{N_2}——氮气喷口数量;

K_μ——冷却油的黏度影响系数;

D_{N_2}——氮气喷口直径(m);

T_{oil}——油温(℃);

ρ_{N_2}——氮气密度(kg/m³),取 $\rho_{N_2} = 1.211kg/m^3$(0℃、标准大气压时);

t_{N_2}——持续注氮时间(s)。

公式(1)是依据变压器油箱底部注氮孔出口处压力与变压器油箱入口氮气压力之比低于临界压力比 0.528 时,注氮速度可按完全气体等熵公式计算。冷却油的黏度影响系数 K_μ 可根据大量试验结果确定。

4.4.4 排油阀全开，排油注氮防爆型灭火系统的排油管道应有足够的通流能力，在本条规定的时间范围内，将变压器油箱压力降至正常值，以避免油箱爆裂，引发火灾。

变压器的压力释放阀由变压器制造企业配套，其动作整定值应由变压器制造企业提供，并与使用单位协商后确定。

4.4.5 本条规定对排油管道阻力应进行计算，这是为了选择合适的排油管道口径、阀门数量，设计管道布置，使之达到本标准第4.4.4条的要求。

在排油注氮防爆型灭火系统动作过程中，排油管道内的流动介质和排油压力会不断发生变化。由系统动作之初的油和油中可燃气体的两相流，转变为变压器油和氮气的两相流，最后再转化为氮气单相流，使整个计算过程非常复杂。上述三种不同介质在排油管道中流动阻力的计算方法均不同，流动阻力损失也不同，尤其对于排油管道中液、气两相流的阻力计算方法更复杂。排油管道的阻力以系统动作初的油和油中可燃气体的两相流动时阻力最大，排油管道设计应按阻力最大时确定。变压器油中的可燃气体是变压器内部故障时，高温电弧使油分解产生的，如氢气（H_2）、乙炔（C_2H_2）、一氧化碳（CO）等可燃性气体。由于油中这些可燃气体含量非常小，在工程计算中可以忽略不计。这样，为简化计算，排油管道阻力可按变压器油单相液体流动阻力计算确定。

4.4.6 本条规定的注氮管道阻力计算，是将注氮管道布置设计为均衡系统的需要，同时还应符合本标准第4.4.7条的要求。注氮管网均衡系统应符合下列规定：

1 各注氮口氮气流量应相等。

2 管网分流点至各注氮口的管道阻力损失，其相互间的最大差值不应大于20%。

氮气在进入变压器油箱前,注氮管道的沿程阻力损失是氮气单相流动阻力,按气体流动阻力的通用计算方法确定。本条列出的式(4.4.6-1)～式(4.4.6-4)就是气体流动阻力的计算公式。

4.4.7 排油注氮防爆型灭火系统应保证氮气进入油箱后,搅拌变压器油,冷却故障点。为此,需要氮气在进入注氮口前,保持一定的注氮压力,使氮气有足够的动量。变压器油箱前的注氮压力需大于等于式(4.4.7)计算出的氮气进入油箱的阻力 ΔP_{N_2-box}。

4.4.8 排油注氮防爆型灭火装置制造企业和供应商应对产品质量负责,排油注氮防爆型灭火系统的主要部、组件无论制造企业自己制造,还是外购,在出厂前均应对这些部、组件进行必要的试验和测试。为此,本条规定排油注氮防爆型灭火装置制造企业应建立必要的试验装置、配置测试仪表,参照本标准第 4.4.8 条规定的附录 A 中的有关技术要求和上海市电力公司标准《排油注氮防爆、灭火系统技术规程》第 5 章规定的各部、组件技术性能的试验方法进行出厂前试验。上述上海市电力公司标准也是参照有关国家标准制定的。

4.4.10 排油注氮防爆型灭火装置的供应商,应向用户提供本条规定的主要部、组件的技术数据,若某些部、组件是该装置制造企业的外购件,其技术数据则应由供应商确认后,向用户提供。如用户在使用过程中,发现数据不符的情况,应由供应商负责。

4.4.11 上海市电力公司曾经发生过两次排油注氮灭火装置的误动,随后及时针对误动开展了技术反措,减少了误动的可能。本条将防误动措施进行明确规定,加强上海地区变电站排油注氮系统的装置的可靠性。

5 火灾报警与系统启动

5.1 火灾自动报警系统的设计

5.1.2 变压器的火灾自动报警系统应由火灾报警控制器和联动控制设备组成。火灾报警控制器接收火灾探测器、手动火灾报警按钮发出的火灾报警信号和本标准第5.3.2条规定的信号,并按照自动启动逻辑组合和手动火灾报警按钮的信号,发出启动变压器固定式灭火系统的联动控制信号。联动控制器接收火灾报警控制器发出的联动控制信号,启动变压器的固定灭火装置和警铃、通风机、排烟机等联动控制设备。

5.1.3 本条规定的变压器固定式灭火系统的控制要求,是根据系统应具备快速启动功能并针对凡是自动灭火系统均应同时具备机械应急操作功能的要求规定的。

自动控制:指变压器固定式灭火系统的火灾探测和其他报警部分与灭火剂供应设备、灭火剂控制阀门、排油注氮防爆型灭火系统的排油阀、注氮阀等部件自动联锁操作的控制方式。

手动控制:指人为远距离操纵灭火剂供应设备、灭火剂控制阀门、排油注氮防爆型灭火系统的排油阀、注氮阀等部件,如变电站操作人员在控制室内用手动火灾报警按钮操纵上述部件的控制方式。

机械应急操作:指人为在现场操纵灭火剂供应设备、灭火剂控制阀门、排油注氮防爆型火系统的排油阀、注氮阀等部件的控制方式。

远程监控功能:指具备在集控变电站通过遥视装置、控制装置,对无人值班变电站变压器的固定式灭火系统进行监视、控制的功能。

明确上海地区所有变压器固定灭火系统平时均应处于自动状态,且具备远程监控功能。

5.1.4 火力发电厂和变电站中变压器是一个非常重要的设备,因此变电站的每台户外变压器或每间户内变压器室应划为 1 个火灾探测区域。火灾报警区域根据防火分区或楼层划分,变电站的户外变压器或户内变压器室不应与其他防火分区划为 1 个火灾报警区域,而应单独成为 1 个火灾报警区域。根据国家标准《火力发电厂与变电站设计防火规范》GB 50229－2006 第 7.12.3 条的规定,火力发电厂的每台发电机组宜划分为 1 个火灾报警区域。因此,机组的主变压器、启动变压器、联络变压器、厂用变压器均应纳入机组火灾报警区域。

5.1.5～5.1.6 在变压器集中火灾报警控制器或火灾报警控制器中,至少应有本标准第 5.1.5 和第 5.1.6 条规定的一系列信号集中显示,并发出声、光报警信号。鉴于信息通道与接口数量的限制,在无人值班的变电站中,不能将所有变压器火灾报警与灭火系统的信号全部输送至集控变电站,只能将本标准第 5.1.6 条规定的四种类型信号,经过集中火灾报警控制器或火灾报警控制器逻辑运算后,输送至集控变电站。火灾自动报警系统故障包含集中火灾报警控制器或火灾报警控制器故障或失电,联动控制设备故障包含消防水箱水位过高或过低,压力储水箱压力异常、联动控制设备失电等故障。

5.1.7 火力发电厂控制中心报警系统的火灾报警区域多,消防联动控制功能也多。按本条规定,系统中火灾报警部位信号都应在消防控制室或火电厂集控室内设置的集中火灾报警控制器上集中显示。消防控制室或火电厂集控室内设置的集中火灾报警控制器对包括变压器灭火装置在内的联动设备均应进行联动控制,并显示联动控制设备的启、停反馈信号。

5.1.8 本条对现行国家标准《火灾自动报警系统设计规范》GB

50116 强制性条文规定进行了补充。上海地区变压器火灾自动报警系统的供电宜按一类负荷考虑,要求主电源可靠性高,有 2 个电源或 2 回线路供电,并能自动切换,同时还要求有直流备用电源。

5.1.9 变压器火灾自动报警及灭火系统使用通用火灾报警控制装置,火灾报警控制器和联动控制器均使用带 CPU 的微电脑控制装置。系统应设有接地装置,接地要求应符合现行国家标准《火灾自动报警系统设计规范》GB 50116 的规定。系统使用油浸式变压器专用火灾自动报警与灭火装置,接地应符合制造企业的企业标准规定。

5.2 火灾探测器

5.2.1 变压器火灾自动报警系统采用感温型火灾探测器,是根据变压器可能发生的初期火灾的形成和发展属于火灾发展迅速、产生大量热量的特点选择的。室内变压器也可采用吸气式感温探测器。

1 根据现行行业标准《油浸变压器排油注氮灭火装置》GA 835,火灾探测装置可采用易熔合金型火灾探测装置。变压器顶部温度比较高,在发生油箱爆裂着火时,顶部对火灾的探测比较灵敏,因为在顶部导致油箱爆裂着火的薄弱部位较多,如释压器、防爆口、中罩连接处、储油柜、瓷套管法兰等均位于变压器顶部,故采用易熔合金火灾探测器时,变压器顶部宜装置多个探测器,数量不得少于 2 个。

2 安装于变压器顶部的线型感温火灾探测器应尽量布置在可能发生爆裂着火的薄弱部位,但应保持距带电设备的安全距离,且不应紧贴箱盖敷设,否则报警温度需高于变压器油箱正常运行允许的最高温度。环绕变压器安装的线型感温火灾探测器宜分上、下两圈布置,距变压器外壳距离不宜超过 0.5m。

3 室内变压器采用吸气式感烟探测器时,也要保持与变压器上方带电设备的安全距离。为安全起见,不应采用金属吊杆。

5.2.2 易熔合金感温火灾探测器温度敏感元件应选用体积小、热容量小的温度元件,并贴近变压器油箱顶部或易爆裂引发火灾的部位安装。线型感温火灾探测器响应时间的试验方法,是在距终端盒 0.3m 以外,1m 长的一段传感器上,将普通打火机(非防风型、内充丁烷气体)点燃,火苗高度调整至 25mm±5mm 范围内,用火苗的中心部位灼烧温度敏感元件其中一点,而易熔合金感温火灾探测器响应时间的试验方法是将酒精或汽油喷灯点燃,用火矩中心部位灼烧温度敏感元件,同时用秒表开始计时,直至火灾探测器动作发出报警信号,记录下响应时间。

5.2.3 测定易熔合金感温火灾探测器温度敏感元件静态动作温度的试验方法应符合行业标准《消防用易熔合金元件通用要求》GA 863—2010 第 3.4 条的规定。测定线型感温火灾探测器温度敏感元件静态动作温度的试验方法应符合国家标准《线型感温火灾探测器》GB 16280—2014 第 5.3 条的规定。

5.3 系统启动

5.3.1 本条规定了变压器火灾自动报警与固定式灭火系统三个启动方式应符合的要求,集控变电站对无人值班的变电站还应具备远程监控功能,使运行操作人员采用不同的启动方式有据可依。

5.3.2 当变压器 2 个及 2 个以上报警元件或探测器的火灾探测信号输入至集中火灾报警控制器或火灾报警控制器时,在火灾报警控制器中与变压器开关跳闸信号"与"逻辑后,自动联锁联动控制器,启动变压器固定式灭火系统。本条上述规定,实际上是当变压器发生火灾时,只有在变压器失电信号发出后,灭火系统才能动作。

5.3.3 大型油浸式变压器的保护可分为电气量保护、非电气量保护和火灾保护三大类。电气量保护有变压器差动保护、过流保护、零序过电流保护等;非电气量保护有瓦斯(气体继电器)保护、压力释放阀保护、速动油压继电器保护、变压器温度保护等。变压器的电气量保护和非电气量保护都能反应变压器运行状态的变化。当变压器发生内部故障时,上述保护均能在变压器油箱爆裂引发着火前发出信号。因此,可以将电气量保护信号、非电气量保护信号、变压器开关跳闸信号以及火灾报警信号进行各种类型的逻辑组合后,作为变压器火灾自动报警与固定式灭火系统的自动启动信号。

5.3.4 本条规定了变电站操作人员在控制室内使用手动火灾报警按钮启动变压器固定式灭火系统的手动控制方式。

5.4 系统拒动和误动的防止

5.4.1~5.4.2 火力发电厂和变电站工作电压比较高,为了防止高电压对火灾自动报警系统与固定式灭火系统的电磁干扰,系统的控制柜应通过国家 EMC 认证。固定式灭火系统的启动回路,也应按国家有关规定,通过抗电磁干扰检测。

5.4.3 排油注氮防爆型灭火系统动作时,排去变压器油箱顶部一部分油,并在油箱底部注入氮气,若该系统误动,将使变压器被迫停运相当长一段时间后方能恢复运行。因此,这个系统的自动启动条件宜采用更为可靠的双组并列启动回路,其中一组是能反映变压器内部故障的电气量保护信号、非电气量保护信号的逻辑组合启动回路,另一组是 2 个及 2 个以上火灾报警部位信号与变压器开关跳闸信号"与"逻辑的启动回路。

5.4.4 灭火剂泄漏将使变压器固定式灭火系统失去灭火作用,一般使用灭火剂压力低于某一额定值时发出压力低的报警声、光信号,作为灭火剂泄漏报警手段。此时,应及时检查输送灭火剂的管网、灭火剂储存容器,并消除系统的泄漏点。

5.4.5 当运行操作人员发现变压器火灾时,无论变压器火灾自动报警与固定式灭火系统是否自动启动,均可手揿手动火灾报警按钮,启动变压器固定式灭火系统。为了防止无关人员误碰触动手动火灾报警按钮,应加装手动火灾报警按钮防护罩。

5.4.6 为保证主变压器的运行可靠,防止误动和考虑到灭火需切断电力设备故障能量防止复燃的因素,目前主变压器的灭火系统启动条件在设计中加入断路器、重瓦斯等信号进行联闭锁信号,主变压器的灭火装置的启动是在主变压器失电条件满足的情况下进行灭火。这样,也将使对变压器的损伤降到最低。

6 施 工

6.0.1 固定水灭火系统施工按照现行国家标准《水喷雾灭火系统技术规范》GB 50219 和《细水雾灭火系统技术规范》GB 50898执行。明确水喷雾和细水雾系统水压强度试验压力为设计工作压力的 1.5 倍。

6.0.2 在排油注氮防爆型灭火系统的排油管道和注氮管道上应设置 1 个～2 个排气阀门或排气旋塞,这是为了在排油管道和注氮管道充装变压器油时,管道内残留气体能从排气阀门或排气旋塞排出,本条第 3 项还规定了排油管和注氮管伸向消防柜的水平管道应有不小于 2% 的上升坡度,以防止残留气体进入变压器油箱。

　　排油管道和注氮管道的安装、吹扫、试压,除应符合本条的规定外,还应按照本条第 1 项规定的国家标准的要求执行,并分别按本标准附录 C、附录 D 的格式填写管网冲洗(吹扫)记录表和系统试压记录表。

　　管网冲洗(吹扫),是防止系统投入使用后发生堵塞的重要技术措施之一,管道试压是对系统管道、接口、支吊等进行的一种超负荷试验。因此,管网冲洗(吹扫)及试压均应认真进行。排油注氮防爆型灭火系统的排油管道和注氮管道应采用变压器本体油进行管道试压,管道试压应在系统管道安装完毕和吹扫结束后进行。

　　排油注氮防爆型灭火装置电气设备的安装,只要按照设计要求,符合现行国家标准《电气装置安装工程施工及验收规范》GB 50254～GB 50259 的规定即可。

6.0.4 整体型感温火灾探测器在系统即将调试时,方可安装。

在安装前应妥善保管，并应采取防尘、防潮、防腐蚀措施。在安装时，拆除包装后，应对探测器外观进行检查，整体型感温火灾探测器各零部件应完好、无损，紧定螺丝与温度敏感元件应牢固接触、无松动。

6.0.5 本条规定各火灾探测器之间及火灾探测器、断流阀至变压器接线箱之间的信号传输线，应采用专用电缆，这是因为上述传输线长期处在高温、多尘环境下工作，尤其是户外变压器。

6.0.6 本条规定的第 3、4 两项，只适用于户外变压器。除本条规定外，系统施工还应符合排油注氮防爆型灭火装置制造企业的企业标准的规定。

7 验 收

7.1 一般规定

7.1.1 本条对变压器火灾自动报警与固定式灭火系统的工程竣工验收组织形式及要求作了明确规定。

竬工验收是系统工程交付使用前的一项重要技术工作。为确保系统功能,把好竣工验收关,必须强调竣工验收由建设主管单位主持,公安消防监督机构参加,以便充分发挥其职能作用和监督作用,切实做到投资建设的系统能充分起到扑灭变压器火灾,提高电网安全可靠性的作用。

7.1.2 变压器火灾自动报警与固定式灭火系统施工安装完毕后,应对整个系统进行联动模拟试验,以保证系统正式投入使用后,安全可靠,达到变压器防爆、防火或扑灭火灾的目的。模拟试验作为竣工验收工作的一个重要组成部分,应给予足够的重视。模拟试验的方法应符合本标准第7.3节的规定。

7.1.3 本条规定的系统竣工验收应提供的文件、资料,也是系统投入使用后的存档材料,以便今后对系统进行检修、改造、维护时使用。

7.2 火灾自动报警系统的验收

7.2.2 鉴于大型油浸式变压器是一个非常重要的防护对象,且系统使用的火灾探测器数量比较少,不会超过10个。参照国家标准《火灾自动报警系统施工及验收规范》GB 50166－2013第4.2.3条第2项的规定,本条规定对所有火灾探测器和手动火灾报警按钮均进行检验。全部正常者为合格。

7.2.3 本条规定了对火灾报警控制器的 220V AC 两路主电源应进行切换试验,220V AC 主电源与 24V DC 备用电源应进行切换试验,切换试验为 3 次。全部正常者为合格。

7.2.4 本条规定的火灾报警控制器的基本功能试验,应进行 100%的功能试验。每个功能重复 1 次~2 次。

7.3 固定式自动灭火系统的验收

7.3.1 本条规定了系统竣工验收时所做的系统联动模拟试验的启动方式,宜采用自动启动,而不宜采用其他启动方式。

7.3.2 本条规定了系统模拟试验的诸多自动启动条件中,宜包含外部火灾探测信号,即火灾探测器输出信号。

7.3.3 本条规定了感温火灾探测器的模拟试验方法。

7.3.4 手动火灾报警按钮的模拟启动试验,宜在变压器固定式灭火系统模拟试验前进行。此时,可将灭火系统置于手动位置,手动火灾报警按钮揿下后,联动控制器动作,即视作模拟启动试验合格。

7.3.5 现行国家标准《建筑设计防火规范》GB 50016 及《火灾自动报警系统设计规范》GB 50116 对消防用电设备的 2 个电源或 2 回线路、自动切换装置的安装位置作了明确规定。在本条规定的消防用电设备电源的自动切换试验之前,应先检查施工质量是否符合上述国家标准规定的一级消防负荷要求。消防用电设备的 2 个电源或 2 回线路,应在最末一级配电箱处自动切换。

7.3.7 水喷雾灭火系统模拟试验是使系统在符合自动启动条件下,变压器固定式灭火系统的系统组件均处于灭火时的状态;若能达到本条规定的要求,说明系统是完好的。

7.3.8 本条规定的细水雾灭火系统专用试验装置,仅作系统模拟试验使用。

7.3.9 细水雾灭火系统模拟试验是使系统在符合自动启动条件下，变压器固定式灭火系统的组件均处于灭火时的状态；若能达到本条规定的要求，说明系统是完好的。

7.3.10 在注氮阀全开时，调节氮气减压阀开度，使氮气减压阀后压力(注氮压力)符合本标准第 4.4.2 条的要求。上述工作应在系统模拟试验前进行。

排油注氮防爆型灭火系统模拟试验是使系统在符合自动启动条件下，该变压器固定式灭火系统的部、组件均处于灭火时的状态，排油管中变压器油排放至排油试验阀为止，这些排油量足以使断流阀关闭，切断储油柜至变压器油箱的油路，注氮阀开启，将氮气排入大气；若能达到上述要求，说明系统是完好的。